DE LA

CULTURE DU TABAC

INDIQUANT TOUS LES MOYENS A EMPLOYER

Depuis la disposition du terreau pour les couches.
jusqu'à la mise en entrepôt de la récolte

PAR

M. F.-A. ALLART

Ex-Planteur du département du Pas-de-Calais.

ABBEVILLE

IMPRIMERIE BRIEZ, C. PAILLART ET RETAUX

90, CHAUSSÉE MARCADÉ, 90

1875

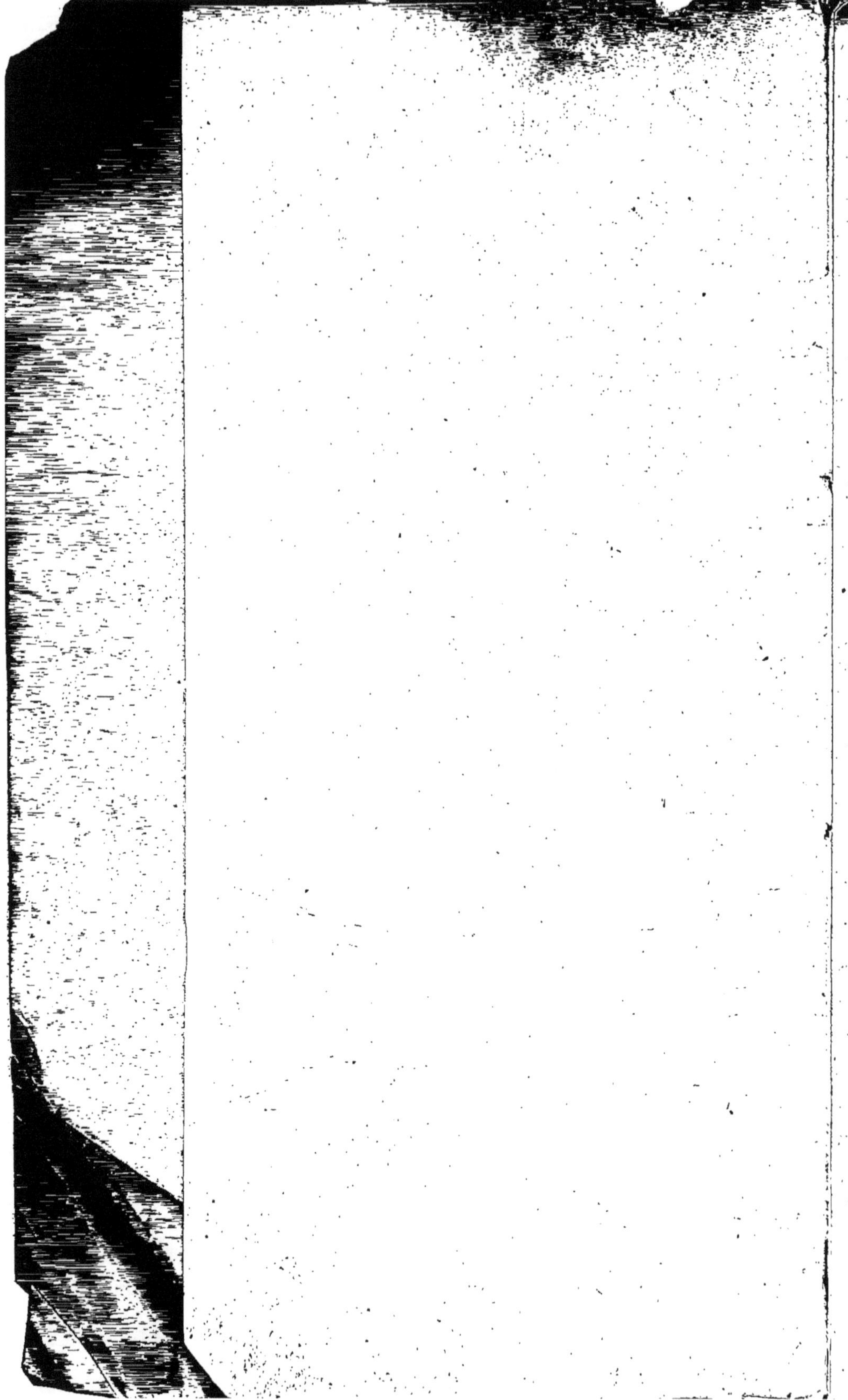

TRAITÉ

DE LA

CULTURE DU TABAC

TRAITÉ

DE LA

CULTURE DU TABAC

INDIQUANT TOUS LES MOYENS A EMPLOYER

Depuis la disposition du terreau pour les couches,
jusqu'à la mise en entrepôt de la récolte

PAR

M. F.-A. ALLART

Ex-Planteur du département du Pas-de-Calais.

ABBEVILLE

IMPRIMERIE BRIEZ, C. PAILLART ET RETAUX

90, CHAUSSÉE MARCADÉ, 90

1875

AVANT-PROPOS

La culture du tabac, qui est la plus difficile à connaître, demande de grandes applications, et tous les planteurs doivent, dans leur propre intérêt, s'attacher à la bien apprécier.

Ce n'est qu'avec la connaissance de cette culture que le propriétaire peut compter sur le bon résultat de sa récolte, et c'est dans le but de la favoriser que je me suis décidé d'écrire le traité suivant, lequel indique tous les moyens à employer pour obtenir un tabac de qualité supérieure.

TRAITÉ

DE LA

CULTURE DU TABAC

PREMIÈRE PARTIE.

Des couches.—Disposition du terreau. — Emplacement et manière de construire. — Soins à porter au jeune plant.

Le terreau pour les couches de tabac doit être
préparé longtemps d'avance, et fait avec du bon
fumier ou tout autre engrais bien pourri.

Il doit être en formation avant l'hiver qui pré-
cède l'année que l'on veut cultiver le tabac, afin de
pouvoir le remuer et l'engraisser convenablement
pour le rendre dans un état de fertilisation. On
peut, à cet effet, employer le sang et l'urine,
attendu que ce sont les principaux engrais ; mais
il faut les mettre dans le terreau pendant l'hiver,
et au moins deux mois avant d'établir les couches,
parce que ces dits engrais employés trop tard
pourraient brûler le jeune plant. Le terreau doit
être placé à l'injure du temps pendant tout

l'hiver, et n'être rentré que peu de temps avant l'établissement des semis, parce qu'il deviendrait trop sec, et le jour arrivé de semer sa graine de tabac, il ne serait plus assez humide pour la faire lever, et alors il faudrait arroser.

Il résulterait de là, que le temps froid enlèverait le jeune plant, et le cultivateur serait obligé de recommencer son travail.

Les couches de tabac doivent être placées bien à l'abri dans un lieu qui reçoit beaucoup de soleil, et au moins de neuf heures du matin à quatre heures du soir. Le planteur qui voudrait faire la dépense d'établir un cadre en briques de la grandeur qu'il veut faire sa couche serait plus certain que de toute autre manière de la réussite de son plant, attendu que le fumier qu'il y lo—gerait maintiendrait longtemps sa chaleur; et dans le temps froid qui se passe tous les ans dans la saison des couches, le jeune tabac serait pro—tégé. A défaut de ce cadre en briques, on peut employer des planches et des pieux que l'on met dans la terre à égale distance les uns des autres, en ayant soin de maintenir au dehors de terre les bouts nécessaires pour contenir le fumier et le terreau, ainsi que pour la pose des paillassons. Lorsque les pieux sont frappés, on commence par mettre le fumier sur toute la grandeur de la couche, d'une épaisseur de 15 centimètres en-

viron. Ensuite on marche dessus avec ardeur pour
le durcir, et il faut continuer le même travail jusqu'à ce que la couche soit arrivée à la hauteur de
60 centimètres, qui est la moyenne à employer. Il
est utile de représenter qu'en mettant suffisamment
de fumier, on obtient de la chaleur, et qu'elle est
favorable au jeune plant pendant la saison ri-
goureuse, puisque la plus grande partie des
couches se fait vers la fin de l'hiver qui est le
courant du mois de mars, et c'est l'époque la plus
favorable pour l'établissement des semis. A la
suite du fumier, il faut mettre le terreau, avec la
précaution de bien l'écraser et le rendre en pous-
sière. Il faut en appliquer une épaisseur de 7 ou 8
centimètres, et marcher dessus comme on l'a fait
au fumier. On en met une seconde couche de la
même épaisseur que la première, mais comme la
graine de tabac est frêle dans son lever, il faut
arranger cette seconde couche de terreau minutieusement, et c'est elle qui forme 15 centimètres
environ, qui est la moyenne que l'on doit employer. Lorsque la couche est arrivée à ce point
de perfection, on s'occupe de la couvrir si l'on
veut attendre au lendemain ou surlendemain à
semer sa graine, mais si le planteur désire semer
immédiatement, il doit passer trois ou quatre
litres de cendre dans un crible, et la mélanger
convenablement avec la graine de tabac qu'il aura

eu soin de mettre quelques jours à l'avance dans un vase avec un peu de terreau maintenu bien humide. Après cette opération on sème à la volée et on enfouit légèrement avec un rateau ; ensuite on durcit le terreau à la main ou avec une planche en s'appuyant avec le poids du corps. Aussitôt on couvre la couche de tabac avec les paillassons préparés à cet effet, et on la laisse tranquille jusqu'à ce qu'on aperçoive le premier pied ; mais alors il faut aérer en levant les paillassons d'un seul côté pour ne pas donner de courant, et si le temps était doux, il serait convenable de la découvrir entièrement. Maintenant il faut avoir soin de mettre le jeune plant à l'air tous les jours en choisissant le meilleur moment, mais il est prudent d'éviter l'ardeur du soleil jusqu'à ce que la plante ait un peu de résistance, attendu que la chaleur pourrait l'enlever. Au fur et à mesure qu'elle profite, il faut la laisser de plus en plus découverte pour l'habituer à la température ; mais lorsque le temps est trop sec, il faut avoir égard à sa couche et s'assurer si elle ne souffre. Si elle a besoin d'eau, on en met dans une cuve exposée au soleil, et on arrose le lendemain avec la précaution de ne pas en mettre trop, mais ce moyen ne s'emploie qu'à la dernière heure. Quand le tabac est bon à planter, il faut alors arroser librement pour obtenir les racines du plant et le

protéger à reprendre séve après le repiquage ;
mais lorsque l'on a arraché la quantité qu'on
désire, il faut aussitôt arroser de nouveau pour
maintenir en bon état la plante restante. Il est
très-utile aussi de repietter le semis avec du fin
terreau conservé à cet effet, et faire ce travail
avant l'arrosage. Le planteur qui voudrait se
rendre exact à ces soins serait satisfait, et verrait pousser son tabac jusqu'à ce qu'il ait terminé
sa plantation.

DEUXIÈME PARTIE.

Des terres. — Manière de fumer et de cultiver les plantations de tabac.

Les terres préférables pour la culture du tabac sont : la terre noire, la terre franche et la terre calcaire, attendu qu'elles fournissent une marchandise de qualité supérieure et combustible.

Le planteur doit autant que possible se pourvoir d'une de ces qualités de terrain et l'abriter pour éviter les mauvais vents. Il doit engraisser la terre destinée à la culture du tabac avec du bon fumier et avant l'hiver autant que possible. Aussitôt que la pièce de terre préparée à cette culture est terminée de fumer, le planteur doit s'empresser de la cultiver à l'aide d'un binoc, et faire ce travail de beau temps. S'il manque de fumier et ne peut en mettre par toute la pièce, il cultivera la terre de la manière indiquée plus haut, et lorsqu'il lui sera possible de terminer sa plantation, il hersera la terre avant d'engraisser, et enfouira le fumier avec la charrue. Il est utile de porter à la connaissance des cultivateurs, que la meilleure culture existe en bêchant le terrain tous les deux ans, afin de le rendre meuble et fertilisant, mais il ne faut pas faire usage de la bêche plus souvent (à moins que ce soit dans un terrain exceptionnel), attendu que la terre deviendrait trop légère, et dans les temps secs qui arrivent parfois, le tabac ne pourrait pas prendre la même séve.

Lorsque le mois de mars est arrivé, le planteur de tabac doit bien herser sa terre en ayant soin de choisir le beau temps, et la laisser deux ou trois jours telle. A la suite de ce travail il faut donner une forte raie de binoc pour faire sécher le terrain, et le laisser une quinzaine de jours dans cette condition. Après ce délai, on recommence à herser sa terre convenablement et on lui donne une tournée de rouloir pour l'affiner un peu, mais il faut avoir soin de la laisser ouverte. Ensuite on la cultive avec un binoc pour la faire échauffer avant d'en avoir besoin pour planter le tabac, mais à cette époque le planteur pourrait, au lieu du binoc, se servir de la charrue, et laisser sa plantation sur la raie de cet instrument aratoire pendant une quinzaine de jours, et alors il hersera bien sa terre qu'il laissera deux ou trois jours de cette manière, et aura soin de lui donner une raie de binoc. Maintenant le cultivateur doit herser, rouler et extirper son terrain de temps en temps pour le faire échauffer et le rendre dans une bonne condition pour le jour qu'il en aura besoin ; mais lorsque son tabac sera bon à planter, il travaillera suffisamment sa terre avec une herse et un rouloir pour la disposer convenablement pour le repiquage.

Après avoir représenté le deuxième mode de culture, revenons au premier qui en est à la raie de binoc. On laisse la terre une quinzaine de jours ouverte, et ensuite on la herse, on la roule et on l'extirpe, mais en ayant soin de la laisser ouverte à chaque fois qu'on la travaille, pour la faire échauffer autant que possible. Lorsque le cultivateur sera prêt à planter son tabac, il donnera une bonne raie de charrue à son terrain, et le travaillera convenablement avec une herse et un rouloir. A cette époque il doit faire son possible de mettre quelques centaines de tourteaux d'œillettes en poudre dans sa plantation, attendu que cet engrais donne une qualité supérieure au tabac, c'est-à-dire que le tourteau d'œillettes donne bon goût à la marchandise et lui permet de se conserver longtemps par suite du suc qu'elle en obtient. En terminant les renseignements de culture, je rappelle qu'il est très-utile de laisser la terre ouverte à chaque fois qu'on la travaille, parce que de cette manière elle devient plus fer-

tilisante et se maintient dans de bonnes conditions.
Il s'engendre moins de vermine qu'en la laissant
refermée, et lorsqu'il arrive des temps secs dans la
saison d'été, elle reste plus douce, et le tabac
maintient plus de séve.

***

Observations sur la culture et l'engraissement des autres terrains.

Toutes les terres qui ne font pas partie des
préférables pour la culture du tabac, et portent
cette même récolte, doivent être fumées et cultivées de la même manière que les précédentes,
mais comme elles produisent du tabac inférieur et
incombustible, le cultivateur doit faire son possible de mettre quelques centaines de kilogrammes
de sulfate de potasse ou de sulfate de chaux dans
sa plantation, attendu que ces engrais influent
sur la récolte et fournissent de la combustibilité.

TROISIÈME PARTIE.

Plantation. — Remplacement. — Houage ou binage. — Manière de nettoyer et de butter, d'écimer, d'épamprer, d'ébourgeonner le tabac jusqu'au jour de la récolte.

Le planteur de tabac doit, avant de commencer le repiquage, prendre le carré de sa pièce, afin de pouvoir mettre dans chaque rangée le même nombre de pieds. Si sa plantation est d'une forme triangulaire ou de toute autre manière, il doit de même prendre le carré sur la liste la plus convenable pour arriver à former la plus grande partie en lignes régulières. Il doit avoir soin de mettre des jalons en faisant ce travail pour le faciliter à planter son tabac en quinconce, c'est-à-dire de faire rapporter les plantes en lignes de tous les côtés. Pour arriver à ce résultat, il étendra un cordeau le long de sa pièce, et près des jalons mis en ligne du carré, et ensuite il présentera la chaîne ou la corde qui doit lui servir de règle pour sa plantation. Il la bandera à un bout de sa pièce où il doit commencer à planter son tabac, et

de la même force que s'il allait commencer le
travail, en ayant soin de compter combien il
entrera de pieds jusqu'à la place où sa plantation
pourra maintenir le carré. En mettant un jalon à
cet endroit et reprenant sa chaîne ou sa corde, il
ira l'étendre à l'autre bout de la pièce, de la
même manière qu'il vient d'employer, mais avec
la précaution de maintenir le carré. Alors le cultivateur devra mettre un cordeau à cette ligne tel
qu'il a fait à la première, et reportera sa chaîne ou
sa corde à la place où il doit commencer à planter
son tabac. Maintenant il doit la poser convenablement comme je viens de l'indiquer, et avoir
soin de mettre deux ou trois petites fourches en
bois, et plus si le besoin demande, pour soutenir
la chaîne ou la corde à une distance de 20 centimètres environ de la terre, pour le faciliter à
repiquer son tabac ; mais le planteur doit de
préférence se servir de la chaîne, attendu que la
corde perd de sa longueur à l'humidité, et en
gagne au soleil. Lorsqu'elle est posée, le cultivateur doit, à l'aide d'un instrument, bien remuer et affiner la terre à la place où il doit mettre
sa plante. Il la prendra d'une main, tandis que de
l'autre il ouvrira la terre avec deux doigts en
appuyant vers soi pour faire la place du pied de
tabac, et le mettra dans cet endroit en ayant soin
de laisser le cœur au dehors de terre et en serrant

doucement la plante pour ne pas la blesser, après l'avoir bien recouverte de terre. Aussitôt que la première rangée sera terminée, le cultivateur aura soin avant d'en recommencer une deuxième, de mettre la même distance entre les lignes par un bout que par l'autre, afin que les plantes se rapportent de tous les côtés ; et ce n'est qu'avec cette précaution qu'arrive la jolie plantation en quinconce. Quant à la distance des lignes et des plantes, il faut prendre la moyenne, qui est de 60 centimètres sur 40, mais je fais observer que dans le fort terrain il est utile d'élargir de quelques centimètres. Il faut continuer le travail de la manière indiquée plus haut jusqu'à ce que l'on soit arrivé à l'autre extrémité de la pièce, et ensuite on se met à la besogne dans l'autre partie voisine du carré. On a bien soin de prendre l'alignement sur la liste du tabac planté, en laissant un intervalle d'un mètre au moins pour servir de sentier, et avec la précaution de mettre un cordeau tout le long, avant de poser la chaîne. Alors on l'étend pour commencer la première rangée, et on la fait rapporter avec celle en face du carré planté, pour que les deux n'en forment qu'une directe. Le planteur devra continuer ainsi son travail pour arriver à faire correspondre toutes les lignes entre elles, c'est-à-dire à la plantation régulière de tous les sens. Si par exemple la pièce était grande, et que le cultivateur jugeait à propos de former une troisième rangée de lignes, il travaillerait à la seconde de la même manière qu'au carré planté, et à la troisième comme à la seconde, et toutes les rangées de lignes comme celles des plantes correspondraient ensemble de tous les côtés, c'est-à-dire en quinconce.

Lorsque la plantation d'un cultivateur est terminée, il doit avoir soin de remplacer les pieds manquants avec du beau plant conservé à cet effet sur une partie de sa couche, et même s'il ne pouvait terminer de planter son tabac dans une semaine, il devrait travailler au remplacement avant d'avoir repiqué toute sa pièce. Lorsqu'il aura exécuté ce travail deux fois avec le tabac de couche, à un intervalle de quelques jours l'un de l'autre, il devra, pour le troisième remplacement, enlever les pieds intercalaires plantés exprès entre les rangées. Il prendra une bêche, préparera un trou à la place du pied manquant, et enlèvera un intercalaire avec la précaution de maintenir beaucoup de terre aux racines pour qu'il souffre moins de cette opération ; mais le planteur aura soin en le mettant dans le trou préparé, de le repietter ferme avec la terre retirée de la cavité et en ayant la précaution de bien l'écraser.

Le cultivateur devra, à la suite de la reprise du tabac, le cultiver soigneusement avec une houe ou une binette préparée à cet effet; mais de toute préférence avec la houe. Il commencera par donner quelques coups de cet instrument de culture entre les plantes, et ensuite il travaillera aussi profondément et aussi finement que possible dans les rangées, à une distance de 5 ou 6 centimètres des pieds de tabac, avec la précaution de ne pas les soulever. Au fur et à mesure qu'il avancera dans ce travail, il ratellera convenablement les rangées cultivées, et continuera ainsi jusqu'à ce qu'il ait terminé sa plantation, mais en ayant soin de choisir le beau temps.

Lorsqu'une pièce de tabac est terminée de houer, et que la récolte a poussé suffisamment, il faut procéder au buttage, mais si les plantes ne sont pas encore assez grandes, on diffère quelques jours avant de commencer le travail. On reconnaît que le tabac est bon à butter lorsque chaque pied porte onze, douze ou treize feuilles, sans compter les deux plus petites renfermant le cœur, et cette différence provient de l'espèce du tabac ou de la séve de la plante, c'est-à-dire que la grosse tige monte lentement et contient plus de feuilles, tandis que le tabac inférieur monte à échelon, les feuilles plus séparées les unes des autres, et par conséquent la plante en contient moins pour arriver à la hauteur ordinaire du buttage. Avant de commencer ce travail, le cultivateur ôtera quatre, cinq ou six feuilles à chaque pied de tabac, selon sa séve expliquée précédemment et suivant les règlements de l'administration. Lorsqu'il en aura quelques centaines de nettoyés, il ratellera les rangées, et à l'aide de la houe il prendra la terre du milieu de l'intervalle des lignes en la relevant de chaque côté vers les plantes, sans trop la monter pour que la butte reste aussi épaisse que possible, et il continuera ainsi jusqu'au dernier pied de sa plantation.

Le planteur de tabac devra passer dans les rangées de sa plantation deux ou trois jours après le buttage pour écimer les plantes qui demandent ce travail, en ayant soin de continuer ainsi pour prendre au fur et à mesure celles qui seront convenables. Il reconnaîtra que le tabac est bon à écimer lorsqu'il pourra laisser neuf ou dix feuilles à chaque pied, et sans compter les petites feuilles du cœur, en ayant soin d'agir ainsi pour faire le travail. On commence par compter neuf ou dix feuilles en regardant avec lequel des nombres on obtient les deux premières feuilles de tête en face l'une de l'autre, et l'on coupe avec les ongles le cœur de la plante, de manière à ne pas blesser les feuilles restantes. Le cultivateur continuera l'ouvrage sans y porter de négligence, parce que s'il laissait monter trop la tige, les feuilles s'éloi-

gneraient les unes des autres et la plante de tabac
ne viendrait pas aussi belle.

Aussitôt l'écimage terminé il faut s'occuper de
l'épamprement de sa plantation, c'est-à-dire ôter
les feuilles basses des pieds de tabac, en laissant
autant que possible le même nombre à chaque
plante. Pour exécuter ce travail, il faut commencer à compter les feuilles par la tête jusqu'au
nombre que l'on veut laisser à chaque pied de
tabac, mais le plus en usage et le meilleur c'est le
chiffre huit. Il faudra bien avoir soin, en brisant la
feuille ou les deux supplémentaires qui existent à
chaque plante suivant l'écimage, de ne pas blesser
la tige, parce qu'elle perdrait de sa sève. Mais il
arrive parfois, à la suite d'une grande chaleur, que
certaines feuilles de tête, et quelquefois d'autres,
viennent sèches sur pied et ne peuvent plus
pousser. Alors le cultivateur agira de précaution
pour rétablir la plante de son mieux, et de la
manière suivante : il coupera avec les ongles les
petites feuilles de tête ou autres attaquées du
soleil, à quelques centimètres de la tige, et laissera,
pour obtenir le même nombre de feuilles à chaque
pied, celles qui devaient disparaître par suite de
l'épamprement, mais il devra prévenir les employés
de culture.

Lorsque le cultivateur verra pousser des re-
jetons entre les feuilles des pieds de tabac, il

s'empressera d'en faire l'ébourgeonnement à la main, parce qu'ils enlèveraient une grande partie de la séve des plantes. Pour faire ce travail on passe les doigts entre toutes les feuilles pour ne pas laisser de bourgeons, et on agit avec la main légère pour ne pas blesser les parties des plantes de tabac. Si par négligence un planteur n'enlevait pas à temps les bourgeons, il les verrait prendre le suc des pieds de tabac, et obtiendrait une qualité médiocre de marchandise, c'est-à-dire qu'il récolterait du tabac sans nature. Il faut donc passer pour faire l'ébourgeonnement de la récolte toutes les fois qu'elle demande ce travail, et jamais remettre à plus tard, attendu qu'il y aurait de la perte à chaque fois qu'on ne l'exécuterait pas en temps. Lorsque le cultivateur s'apercevra de la maturité de sa récolte, il aura soin de passer dans toutes les rangées de sa plantation pour ôter minutieusement les bourgeons, afin de pouvoir, à la suite de ce travail, s'occuper d'en récolter une bonne partie sans être intercepté par les re—jetons.

QUATRIÈME PARTIE.

———

Manière de reconnaître le tabac bon à récolter, de le couper, le rentrer au séchoir, l'enfiler, le pendre vert, l'étendre au soleil, l'enlever et le placer au séchoir pour la dessiccation, et soins à prendre pour le dépendre et le mettre en couches dans le grenier.

Le cultivateur reconnaîtra que le tabac est bon à récolter lorsque les feuilles prendront des petites fleurs jaunes, et se baisseront vers la terre ; mais il arrive parfois des exceptions à cette règle, c'est-à-dire que certains tabacs de petite venue, ou selon l'espèce, conservent leurs feuilles droites, et ceux de forte séve non aérés, ou d'autres en retard dans la plantation, prennent rarement les fleurs de maturité. Il devra faire attention à ces différences, afin d'éviter toute erreur, attendu que le tabac récolté trop tard ne possède plus une bonne qualité. Pour être certain de son affaire, le planteur se rappellera l'époque de la plantation de son tabac, en y ajoutant trois mois s'il est de bonne venue, et cent jours au plus,

n'importe dans quel cas, parce que c'est le temps
que cette plante doit rester en terre. Si à la suite
de ce calcul il ne s'aperçoit pas de la maturité, il
pourra comprendre qu'aucun signe ne se présentera,
et dès lors il devra s'empresser de récolter sa
marchandise, vu qu'après cent jours de plantation
tout tabac perd de sa qualité et même de son
poids. En outre de ces pertes, la mauvaise saison
approche, et très-souvent des pluies arrivent dans
les plus courts jours de l'été et nuisent au tabac
qui est encore dans la pièce, ainsi qu'à celui qui
est rentré de quelques jours et demande du
soleil.

Alors le planteur prendra son couteau et se
mettra à la besogne de la manière suivante : il se
placera entre les deux premières rangées de sa
pièce, et saisira la première feuille de tête de la
première plante des lignes où il se trouve, avec la
main opposée de celle avec laquelle il tient son
couteau. Il la coupera en montant, en appuyant sur
la tige pour enlever une caboche d'un centimètre
et demi environ, et continuera le même travail sur
toutes les feuilles et les plantes, sinon de couper
les basses en descendant au lieu de les couper en
montant, afin d'avoir plus de facilité à former les
caboches. Au fur et à mesure qu'il coupera les
feuilles de tabac, il les posera entre les tiges, en
ayant la précaution de les mettre par petits tas de

qualité, c'est-à-dire les feuilles hautes séparément, celles du milieu et les basses aussi. Pour faire ce travail, le planteur devra choisir le beau temps, et même ne pas couper à la rosée, attendu que le tabac mouillé est sujet à prendre une mauvaise qualité ; mais s'il en obtenait, il devrait l'enfiler aussitôt, et le mettre à l'air pour le faire sécher avant de le pendre à l'ombre. Il faut aussi avoir soin de ne pas le laisser à l'ardeur du soleil vers le midi des grandes chaleurs, parce que les feuilles du dessus des tas seraient atteintes, et ne deviendraient ni belles ni bonnes.

Maintenant le cultivateur passera dans les rangées coupées pour enlever d'abord les feuilles hautes et les transportera dans le bâtiment préparé pour les recevoir ; mais il aura soin de ne pas en faire de gros tas, parce que le tabac vert s'échauffe facilement et devient grossier. Il devra le manier avec douceur dans tous les travaux et le prendre par le haut des feuilles pour ne pas les blesser, parce que cette marchandise demande de la délicatesse pour conserver toute sa qualité. Ensuite il ramassera les feuilles du milieu et les rentrera dans les mêmes conditions que les précédentes. Les feuilles basses devront recevoir les mêmes soins.

Aussitôt que le planteur aura coupé et rentré la quantité de tabac qu'il jugera nécessaire pour son occupation, il s'empressera de l'enfiler le même jour ; mais s'il ne pouvait pas arriver à tout faire, il devrait s'assurer si la chaleur ne s'emparerait de sa marchandise, depuis le moment où il terminera sa journée, jusqu'au lendemain à l'heure qu'il devra reprendre son travail. S'il y voyait de la crainte, il le retournerait entièrement et le secouerait en ayant soin de le séparer plus qu'il l'était auparavant ; mais de cette manière, le tabac n'obtiendrait aucun résultat fâcheux. Pour l'enfiler, le cultivateur se servira d'une aiguille de 20 à 25 centimètres de longueur, en y joignant une ficelle d'une longueur nécessaire pour pouvoir la pendre, en la nouant des deux bouts dans les endroits qui lui sont préparés pour la suite. Il tiendra l'aiguille de sa main habituelle, et prendra de l'autre les feuilles de tabac qu'il enfilera une à une au-dessous des caboches et au milieu des côtes. Lorsqu'il en aura enfilé quelques-unes, il les poussera doucement sur la ficelle, à une distance de 40 ou 50 centimètres du bout ; cela suivant la longueur, et pour éviter toute difficulté à prendre le chapelet. Le planteur mettra un nombre uniforme de feuilles dans les chapelets, lorsqu'elles seront de même force et de même qualité.

Le nombre que l'on emploie ordinairement est de trente à quarante feuilles de tête, selon leur force, de trente-cinq à quarante-cinq feuilles de milieu et de quarante à cinquante feuilles basses. Ces chiffres sont les meilleurs pour obtenir une bonne qualité de tabac, attendu que les feuilles qui jouissent librement de l'air et du soleil le jour qu'elles les demandent prennent une couleur convenable, tandis que celles qui en sont privées obtiennent une médiocre qualité. Il y a parfois des planteurs qui mettent une quantité de feuilles dans les chapelets, parce que c'est pour les mettre le long des murs d'un bâtiment, mais comme cette manière rencontre des difficultés, je la laisse de côté vu son désavantage dans les mauvais temps, c'est-à-dire que le vent et la pluie nuisent à la marchandise ainsi posée.

Lorsque le cultivateur aura quelques chapelets de terminés, il les enlèvera pour faire place à d'autres, et en même temps pour les mettre dans la position qu'ils demandent. Il les prendra chacun à leur tour, par un bout de la ficelle qui en contient les feuilles, et les pendra à des perches placées dans un endroit couvert et abrité, à une hauteur suffisante pour qu'il se trouve une petite distance entre la terre et le tabac. Ce travail a pour résultat de faire jaunir la marchandise, et la favoriser à prendre une belle couleur lorsqu'on l'exposera au soleil. Si un planteur ne faisait pas jaunir son tabac quelques jours, il se mettrait d'abord en retard, puisque c'est la manière la plus subtile pour la dessiccation ; mais en temps sec il le priverait de la qualité, attendu qu'il prendrait une couleur verdâtre, et ne changerait qu'à la suite d'une quantité de jours qu'il resterait à l'air et au soleil; mais dans les grandes cultures ce serait impossible. Il aura soin, lorsqu'il pendra les chapelets verts, de laisser un intervalle suffisant entre eux et entre les perches, pour que l'air puisse y circuler, et il les visitera souvent pour ne pas les laisser trop jaunir. Quant au nombre de jours que le tabac doit rester à l'ombre, il est impossible de le fixer, parce qu'il varie suivant la force de la marchandise et selon la température, c'est-à-dire que le fort tabac et celui qui est coupé un peu vert doivent rester plus longtemps à l'ombre que le faible ; mais lorsque le temps est doux, ils jaunissent tous plus vite que s'il faisait froid, et prennent plus facilement la belle couleur. D'où il résulte que tout cultivateur doit s'empresser de récolter son tabac le plus tôt possible. Le planteur devra visiter souvent les chapelets pendus à l'ombre, et lorsqu'il les verra jaunir, il les étendra au soleil s'il fait beau temps, mais dans tous les cas il les mettra à l'air sans y porter de négligence, attendu que c'est un moment sérieux qui décide de la qualité de la marchandise. Si le temps était pluvieux, il faudrait les laisser moins jaunir que s'il faisait beau temps.

Au fur et à mesure que le tabac pendu à l'ombre commence à jaunir, il faut l'enlever de cet endroit et l'étendre au soleil, au moyen de fils de fer tendus ou de charpentes préparées à cet effet et garnies de perches ; mais le fil de fer est de beaucoup préférable, parce qu'il donne la facilité d'activer le travail de la récolte, c'est-à-dire que le tabac jauni, étendu au soleil par le moyen du fil de fer, prendra sa couleur, et deviendra convenable pour être enlevé et accroché dans le séchoir pour la dessiccation, beaucoup plus vite que s'il était pendu aux perches des charpentes. Par conséquent, le planteur, et principalement celui qui cultive le tabac en grand, doit s'intéresser à ce mode avantageux de récolte, et construire les séchoirs nécessaires pour contenir toute sa marchandise. Il devra, pour étendre son tabac au fil de fer, préparer la quantité de crochets qu'il jugera nécessaire pour faire ce travail, et commencera par en mettre à un bout du chapelet au moyen d'un nœud, en ayant soin de laisser un bout de ficelle de 30 centimètres environ, pour servir à le pendre dans le séchoir, lorsque le tabac sera en qualité convenable, pour ne pas avoir la peine de changer les feuilles de direction, et par conséquent abréger l'ouvrage. Ensuite le planteur accrochera le chapelet à un fil de fer, et le saisira de l'autre bout, en le présentant vers un second pour le bander faiblement, afin de pouvoir le retirer à volonté lorsque le besoin l'exigera, et pour voir à quel endroit de la ficelle il doit mettre le second crochet. Il le fera tenir au moyen d'un nœud, tel qu'il vient de le faire au premier, et l'accrochera au second fil de fer de la manière employée précédemment. Maintenant, le cultivateur prendra avec la main les feuilles de tabac par la tête, les espacera régulièrement le long de la ficelle, et continuera le même travail sur tous les chapelets de tabac lorsqu'ils le demanderont. Il devra laisser entre eux une distance de 20 centimètres, pour que l'air et le soleil puissent y pénétrer ; mais dans un temps sec, il sera convenable de les serrer davantage, et peut-être même les rentrer de temps en temps, si la sécheresse est intense ; tandis que s'il faisait humide, il serait utile de les élargir plus, attendu qu'il est impossible de les laisser continuellement dehors en temps de pluie. On peut cependant y arriver à l'aide de paillassons, mais comme le vent et la pluie nuisent à cette marchandise, il est prudent de la rentrer à chaque fois qu'on y est obligé, à moins que ce soit dans un endroit entièrement abrité.

Lorsque les chapelets de tabac étendus au soleil auront obtenu la qualité nécessaire, c'est-à-dire une couleur rougeâtre, le planteur devra les enlever de cet endroit pour faire place à d'autres, et les pendre dans le séchoir préparé pour la dessiccation. Il les prendra chacun à leur tour, pour retirer les crochets qui servaient à les maintenir, en ayant soin de défaire les nœuds qui se trouvent aux ficelles, et éviter toute difficulté pour la suite, attendu qu'elles doivent servir plusieurs années à la récolte du tabac. Ensuite il prendra les deux bouts de la ficelle d'un chapelet, les fera tenir ensemble au moyen d'un nœud, en ayant soin de laisser une distance entre les feuilles et le nœud pour y mettre facilement la main. Il posera le chapelet de tabac de manière à pouvoir le retirer facilement, et en mettra plusieurs autres ensemble pour en former de petits tas bien portatifs. Lorsqu'il aura disposé la quantité qu'il jugera nécessaire, il montera des chapelets à la place où il doit commencer à les pendre, et les accrochera à un instrument préparé pour les recevoir. Maintenant le planteur se posera sur les planches qu'il aura eu soin de mettre au-dessous de l'endroit où il doit pendre son tabac, prendra un chapelet avec les mains pour défaire les nœuds de la ficelle, et le pendra d'un bout à une pièce de bois préparée pour ce travail, le saisira de l'autre, le bandera vers une seconde pièce de bois et l'attachera au moyen de nœuds en forme d'une bouffette. Il continuera ainsi, en ayant soin de laisser une distance de 10 centimètres entre les chapelets du fort tabac de tête, pour que les feuilles soient séparées les unes des autres et conservent leur qualité jusqu'à parfaite dessiccation. Pour les autres feuilles, le cultivateur pourra réduire de quelques centimètres cette distance des chapelets, et devra, dans les temps humides, fermer suffisamment son séchoir.

Après avoir expliqué la manière de faire sécher le tabac au fil de fer, j'écris celle de le faire sécher à la perche.

Lorsque les chapelets de tabac pendus à l'ombre commencent à jaunir, le planteur doit les enlever sans retard, et les accrocher par un bout de la ficelle à des perches préparées sur des charpentes. Il les mettra à une distance de 40 à 50 centimètres les uns des autres, cela suivant la force du tabac, et pour que l'air et le soleil puissent y pénétrer facilement. Ensuite il fera un nœud à l'autre bout de la ficelle, à une hauteur suffisante pour que les feuilles de tabac ne touchent pas à la terre, et les espacera sur toute la longueur de la ficelle entre la perche et le nœud, en ayant soin de les placer en tournant pour qu'elles se trouvent bien en rond. Lorsque les chapelets auront passé quelques jours de cette manière, le planteur devra les retourner de sens, c'est-à-dire les décrocher d'un bout chacun à leur tour, et les raccrocher par l'autre. Après ce travail, il repassera la main sur les feuilles pour les remettre convenablement de la manière qu'elles étaient, et s'il juge, quelques jours après, devoir retourner une seconde fois les chapelets, le travail n'en sera que meilleur. Le cultivateur aura soin de mettre une distance plus grande entre les perches garnies de chapelets que ceux-ci entre eux, et lorsque les feuilles de tabac auront obtenu la qualité nécessaire, c'est-à-dire la couleur rougeâtre, il les enlèvera de cet endroit pour faire place à d'autres, et les pendra dans le séchoir pour la dessiccation.

Quand le tabac est arrivé au degré convenable, il faut le décrocher pour le mettre en couches dans le grenier qui doit lui servir de demeure. Le planteur reconnaîtra que sa marchandise est bonne à décrocher, lorsque les feuilles seront entièrement sèches, mais qu'elles ne se briseront pas. Il choisira le jour que le vent est au nord, ou du nord-ouest au nord-est, afin que son tabac maintienne une bonne qualité et ne s'échauffe pas dans les couches ; seulement pour les tabacs trop faibles ou mal récoltés, le planteur devra choisir le temps un peu plus humide. Pour faire ce travail, le cultivateur resserrera les feuilles des chapelets en les poussant légèrement vers le milieu de la ficelle, les détachera des deux bouts, les pliera au milieu et les entortillera avec le surplus de la ficelle pour en former des manoques. Après en avoir décroché suffisamment, il en fera des bottes au moyen de liens quelconques pour les monter au grenier, mais en ayant soin de mettre la pointe des feuilles au dehors de la botte, et les caboches au dedans, avec la précaution de ne pas les poser plus de 10 centimètres les unes sur les autres, pour ne pas blesser le feuillage. Au fur et à mesure que le planteur montera son tabac au grenier, il le mettra en couches de la manière suivante : il éparpillera d'abord de la paille sur le plancher, ensuite il prendra six manoques, les posera chacune à leur tour en ligne les unes à côté des autres, et en prendra six suivantes qu'il posera de la même manière, mais en ayant soin d'enfermer la pointe des feuilles dans les couches en les mettant d'un quart environ de leur longueur sur les précédentes. Il appuiera doucement dessus avec la main pour faciliter à en mettre d'autres, jusqu'à ce qu'il y en ait six ou sept manoques d'épaisseur, et continuera le même travail sur toute sa récolte. Le cultivateur pourrait facilement poser plus de six ou sept manoques les unes sur les autres, mais il s'exposerait à faire échauffer son tabac.

Il arrive parfois que des planteurs, en retard dans leur récolte, se décident, à la suite du mauvais temps, de mettre leur tabac en couches avant qu'il soit bien sec, mais ils doivent étendre de la paille entre chaque lit de manoques pour en retirer l'humidité et faire conserver la marchandise. Dans ce cas, il faut s'assurer si la chaleur ne s'empare du tabac ; mais quand même il ne ferait aucun changement, il est utile de le remuer souvent, en ayant soin de mélanger les manoques. Il résulte de là que le planteur doit mettre son tabac en couches quand il est bien sec, pour éviter tout désagrément, et être certain de sa conservation. Aussitôt qu'il aura terminé de monter au grenier la quantité qu'il jugera nécessaire pour le moment, il devra la couvrir fortement avec de la paille pour qu'elle ne puisse pas prendre l'humidité, mais la meilleure manière et la plus commode, c'est de clore son grenier convenablement.

CINQUIÈME PARTIE.

———

Manière de trier le tabac, de le manoquer, de le botteler, de le charger dans la voiture, de le décharger, de le placer dans le magasin pour la vérification, et de le présenter à l'expertise.

Lorsque le planteur aura terminé de mettre son tabac en couches, il devra en opérer le triage avant l'époque de la livraison, c'est-à-dire mettre ensemble les feuilles de même longueur, de même force et de même qualité.

Il commencera d'abord à le mettre par rang de taille de la manière suivante : il détortillera quelques manoques, les défilera par petites poignées et posera les feuilles sur une table, ou toute autre chose préparée à cet effet, mais en ayant soin de les maintenir bien justes par les caboches. Après cela, le cultivateur appréciera en combien de longueurs son tabac doit être divisé, et fera ce travail avec la plus grande exactitude possible, en choisissant au coup d'œil les feuilles de même

3

longueur ou en les prenant par petites poignées, et en les secouant pour conserver les plus longues dans la main; mais la manière la plus convenable, c'est de choisir les feuilles de même longueur sur la table, pour en former des petits tas, attendu qu'elle n'offre aucune difficulté, tandis que l'autre, en secouant les petites poignées, donne la peine de ramasser toutes les feuilles inférieures autant de fois qu'il y a de sortes de longueur.

Il continuera ainsi, mais lorsqu'il jugera en avoir des tas suffisants de même longueur, il reformera des manoques avec les ficelles, et les mettra en couches séparément dans son grenier. Pour exécuter ce travail, le planteur préparera un endroit bien clos et bien sec, pour que son tabac ne prenne pas d'humidité. Après avoir choisi toutes les feuilles de même longueur, il faut s'occuper de les mettre par rang de qualité, en commençant par les plus petites, pour que les plus grandes ne soient pas serrées trop de bonne heure par les côtes, vu qu'elles pourraient devenir trop humides et perdre de la qualité. Dans les grandes cultures il est utile de trier entièrement les feuilles basses la première fois qu'on les travaille, attendu qu'on gagne du temps. Pour choisir les feuilles de même qualité, le cultivateur travaillera toutes les longueurs séparément, en mettant les plus belles et les plus larges d'un

côté, les fortes ayant moins belle couleur de l'autre, les plus faibles en bonne qualité ensemble
et les inférieures séparément. Lorsqu'il aura agi
de cette manière sur une longueur, et qu'il jugera
en avoir suffisamment pour compter, il exécutera
cette besogne, en ayant soin de mettre quarante-
neuf feuilles dans la main, et une autre de même
qualité autour, pour les maintenir et en former
une manoque de cinquante feuilles. Il devra mettre
les caboches les unes contre les autres pour avoir
la facilité d'en couper les bouts, et pliera sa cin-
quantième feuille de manière à former une espèce
de liure à la manoque, mais il faut bien la serrer.
Ensuite il prendra une planchette de 30 centimètres environ de longueur, de 8 de largeur par un
bout et de 4 par l'autre, afin de pouvoir la prendre
facilement avec la main pour donner quelques
coups sur la tête de la manoque et en ajuster com-
plétement les caboches. Au fur et à mesure que le
planteur triera son tabac, il devra le remettre en
couches par rang de qualité et le couvrir de
paille ; mais lorsqu'il aura terminé toutes les longueurs, il examinera sérieusement son tabac, afin
de connaître le nombre de sortes qu'il devra former
pour le classement.

Lorsque le jour de la livraison approchera, le
cultivateur formera des bottes de cinq mille
feuilles, qui forment cent manoques, avec des

sangles qu'il aura eu soin de préparer à l'avance, et dans un cadre appelé botteloir. Pour faire ce travail il emploiera trois sangles par botte, les placera à une distance l'une de l'autre suivant la longueur du tabac. Il prendra les manoques une à une avec les mains pour les mettre dans le botteloir, en faisant prendre suffisamment la pointe des feuilles sur la sangle du milieu, et posera les manoques en lignes de sept par chaque bout de la botte. Après en avoir aligné un lit, le planteur marchera dessus sans chaussures pour les serrer, et travaillera ainsi jusqu'à ce que la botte soit terminée, mais en ayant soin de les maintenir carrément. Lorsque la centaine de manoques sera posée, il faudra passer un bout de la sangle du milieu dans la boucle attachée à l'autre bout, en la serrant autant que possible, et il faudra faire aux deux autres comme à la précédente. Aussitôt que la botte sera liée, le planteur la saisira par un bout et la fera prendre à une personne par l'autre bout pour la retirer du botteloir. Ensuite le planteur devra la numéroter selon sa qualité, et faire attention s'il se trouve encore une botte complète de cette même sorte de tabac. Alors il travaillera la seconde botte comme la première, mais si le nombre de manoques n'était pas suffisant, il en prendrait à la qualité suivante pour la terminer, en ayant soin de mettre une ficelle ou toute autre chose à l'endroit de séparation des sortes et en numérotant cette botte en conséquence, afin de pouvoir retrouver ce mélange lors de la présentation du tabac à l'expertise. Le même travail doit être effectué sur toutes les bottes qui forment la même récolte.

Lorsque le jour de la livraison approche, le cultivateur doit charger sa récolte la veille du jour où il doit la présenter à l'expertise, afin d'avoir plus de facilité pour faire son voyage et placer son tabac dans le magasin. Il aura soin de garnir convenablement la voiture avec de la paille, afin que le tabac ne prenne pas d'humidité, et posera régulièrement les bottes les unes sur les autres pour qu'elles maintiennent leur forme primitive et ne se démontent pas. Après avoir terminé le chargement de sa récolte, le planteur la couvrira d'abord avec des paillassons ou de la paille et étendra dessus une bâche assez grande pour couvrir le volume, l'attachera de tous côtés avec de la bonne ficelle pour qu'elle ne puisse céder à aucune violence, et conduira sa marchandise au magasin qui lui est assigné. Avant de partir il devra se faire délivrer un laisser-passer par le buraliste ou l'employé qui en est chargé, indiquant le nombre de feuilles et de bottes qu'il doit fournir à l'administration.

En arrivant dans la cour de l'entrepôt, le cultivateur déposera sa voiture vers la porte du magasin ou en face s'il est possible, et demandera au surveillant de vouloir bien lui indiquer la place où il doit déposer son tabac. Cela fait, il découvrira sa voiture entièrement, si le temps est favorable, mais s'il ne l'est pas, il découvrira au fur et à mesure qu'il déchargera. Il descendra les bottes de la voiture avec une personne qui les portera à la place indiquée, mais il arrive parfois que les ouvriers du magasin peuvent aider le planteur dans cette besogne.

Aussitôt que la récolte d'un cultivateur est déchargée, celui-ci doit s'empresser d'en aligner les bottes par double rangée, en laissant un intervalle suffisant pour que les employés puissent circuler entre les lignes pour la vérification, et en ayant soin de poser les bottes de manière que toutes les qualités de tabac se suivent selon les numéros ; mais si le planteur ne possédait qu'une petite récolte, il mettrait les bottes dans une seule ligne. Après avoir disposé sa livraison de cette manière, il doit s'adresser au bureau du contrôle pour faire viser son compte et procéder à la vérification de son tabac.

Lorsque cette opération sera terminée, et que l'expertise demandera la récolte pour la classer, le planteur devra présenter sa plus belle ou ses plus belles bottes selon la quantité qu'il possède

de même qualité. Il débouclera les deux sangles
des bouts de chaque botte, mettra celle-ci sur une
toile disposée par les ouvriers du magasin qui
retireront la troisième sangle pour présenter le
tabac à l'expertise et continuera le même travail
sur toutes les bottes, en ayant soin de les présenter chacune à leur tour comme elles le méritent.

SIXIÈME ET DERNIÈRE PARTIE.

———

Des engrais. — Renseignements sommaires sur quelques
parties importantes de la culture du tabac.

De tous les engrais, le principal est toujours le
fumier, parce qu'il fournit une séve abondante à
la récolte, une bonne qualité et nourrit la terre
plusieurs années, c'est-à-dire que le terrain, engraissé tous les ans avec le fumier, devient d'une
grande fertilité et ne s'épuise jamais. Par conséquent le planteur de tabac doit faire tout son possible pour mettre du fumier dans sa plantation,
en améliorer le sol, et le rendre plus facile à cultiver, puisque cet engrais possède cette puissance.
Je puis assurer que le fumier est très-avantageux
comme riche en azote, puisque je le connais effi-
cace à la suite de mes expériences et de ma pra-
tique. Il est naturellement le premier des engrais,
et je suis certain que les meilleurs praticiens
applaudiront mes justes renseignements. Je ne
me suis pas borné à une qualité de terrain, puisque

j'en ai cultivé de trois sortes, dont une fournissait du tabac de médiocre qualité et dont j'ai méprisé le sol, mais malgré cela le fumier a toujours surpassé le résultat des autres engrais. J'ai fait des expériences de même nature dans d'autres sols éloignés de notre pays et ne m'appartenant pas, mais j'ai toujours trouvé le fumier comme premier engrais dans mes essais, et je termine en disant que c'est le plus favorable.

Nous avons encore les tourteaux comme précieux engrais de culture, mais pour le tabac je présente seulement le tourteau d'œillettes comme engrais généreux, parce qü'à la suite de mes essais, je l'ai trouvé satisfaisant. Il fournit une qualité excellente à la marchandise, tant au goût qu'au toucher, et ne lui retire aucune combustiblité. Les autres tourteaux offrent de la difficulté dans la récolte du tabac, et lui fournissent de l'incombustibilité, et par conséquent une médiocre qualité. Je conclus donc que le tourteau d'œillettes, semé en poudre avant de planter le tabac et à la suite d'un amendement de fumier, favorise le planteur dans sa culture, et lui met autant de fois son bénéfice en main qu'il est exact à faire les travaux.

J'ai toujours obtenu et fait obtenir des résultats satisfaisants avec ces engrais, qui ont fourni une qualité supérieure de tabac.

Il existe encore une infinité d'engrais, mais les plus en usage sont la cendre et les engrais chimiques. En commençant par la cendre, je puis assurer aux planteurs que, sur mes essais partiels dans le même sol, comme je l'ai fait avec les autres engrais, je me suis aperçu qu'elle fournissait un tabac plus difficile à récolter que les autres engrais, quoiqu'en obtenant une qualité inférieure. D'où je conclus que la cendre ne doit pas être employée comme engrais principal dans la culture du tabac.

Les engrais chimiques sont généralement actifs, mais les deux espèces préférables selon ma connaissance sont les sulfates de potasse et de chaux qui fournissent de la combustibilité au tabac, et par conséquent une qualité principale. Mais ces engrais doivent être employés avec le fumier, parce que seuls ils détériorent le sol, c'est-à-dire que le terrain qui serait engraissé un certain nombre d'années avec des engrais chimiques deviendrait d'une fertilité peu favorable, vu qu'il serait dépourvu d'azote, et que l'humus serait nettoyé à la suite de ces engraissements, puisqu'ils ne laissent rien à la terre.

Il existe encore un amendement supplémentaire dans la culture du tabac, lors de la reprise de la récolte, et la majeure partie des planteurs qui en font usage agissent de cette manière : ils font

tremper des excréments de toute espèce, de la suie
ou toute autre chose engraissante dans un vase
quelconque avec de l'eau ou de l'urine mélangée
avec de l'eau, et en mettent à chaque plante lorsque l'engrais est délié suffisamment. J'admets que
le tabac prend un surplus de séve, mais je sais
qu'il prend aussi un degré moindre de qualité.
D'où je résume que toutes les plantations de tabac
doivent être terminées de fumer avant l'époque du
repiquage de la récolte.

Il est très-utile que je fasse connaître aux cultivateurs qu'il est important de fumer largement les
plantations de tabac, vu que c'est la manière la
plus favorable pour obtenir des résultats avantageux. Le tabac peut se cultiver un nombre d'années dans la même pièce de terre, mais il demande
une forte fumure pour garantir le bénéfice du propriétaire. Je représente donc dans l'intérêt de
tous que celui qui négligera sa terre perdra de la
qualité et du poids dans sa marchandise, et par
conséquent obtiendra une récolte médiocre, attendu que sans poids et sans qualité le planteur
ne reçoit pas d'argent pour le satisfaire, et l'administration reçoit un tabac inférieur.

En outre de la fumure, il faut soigner le tabac
avec délicatesse dans tous les travaux qu'il demande, mais en suivant les renseignements de ce
traité, on est certain de réussir n'importe dans

quel terrain comme n'importe dans quelle contrée, puisque je me suis fait rendre compte des endroits qui me sont inconnus, et en Algérie comme en France, on peut suivre avec confiance l'ouvrage que je publie.

Les travaux de culture doivent être exécutés de la manière que je l'indique dans tous les endroits où l'on cultive le tabac, mais la fumure doit être faite selon la nature du sol. Dans les terres froides, il est urgent d'y mettre des engrais chimiques pour procurer de la combustibilité au tabac.

Après avoir usé de ces moyens d'amélioration, si le planteur ne pouvait pas arriver à obtenir une bonne qualité de tabac, il devrait marner sa terre afin d'en changer la qualité, et lui procurer une partie du sol qui convient à cette récolte. Les tabacs de l'Algérie, comme ceux de certaines contrées de la France, ne peuvent pas être fabriqués naturellement à cause de leur incombustibilité, mais si les terres étaient cultivées et engraissées librement de la manière que je l'indique, je compterais sur un meilleur résultat. Malgré cela, il sera toujours impossible d'obtenir une qualité de tabac aussi combustible que l'on obtient dans les trois sortes de terrains inscrites dans mon traité.

Après avoir parlé des terres et des engrais, je viens porter à la connaissance des cultivateurs qu'il est utile dans leur intérêt comme dans celui

de la qualité du tabac de planter en temps oppor-
tun. L'époque la plus favorable existe depuis le
15 mai jusqu'au 5 juin, attendu que le tabac repiqué dans ce laps de temps est toujours récolté
dans la bonne saison, et prend plus facilement
une qualité supérieure que celui qui est récolté
tard.

Dans quelques terrains chauds, il serait encore
possible de planter le tabac quelques jours plus
tôt, mais dans toutes les terres il n'est jamais
utile de planter après le 5 juin. Cependant les tabacs plantés après cette époque prennent du dé-
veloppement, mais ils ne valent jamais les précé-
dents. Il résulte de là que tout planteur de tabac
doit soigner ses couches de près, afin de pouvoir
arriver à planter son tabac en temps et heure pour
le récolter dans la bonne saison et lui procurer
une qualité supérieure.

Si un cultivateur voyait son plant en retard, il
pourrait en activer la pousse au moyen d'arro-
sages avec le sang de boucherie mélangé d'eau,
ou avec des excréments d'oiseau délayés dans de
l'eau ; avant de se servir du liquide on le passe
dans un tamis. L'arrosage devra être pratiqué
une fois par jour, mais lorsque le jeune plant
commencera à prendre un peu de résistance, et
aussitôt l'opération faite, le planteur devra arroser
de nouveau avec de l'eau pure pour faire des-

cendre l'engrais aux racines des plantes, et en laver les feuilles. En continuant ce travail, il plantera son tabac quelques jours plus tôt, sera plus avancé à l'avenir dans sa récolte, et aura plus de facilité pour l'amener à parfaite dessiccation.

Je termine mon *Traité de la culture du tabac* en recommandant aux planteurs de suivre exactement mes conseils pour obtenir des qualités supérieures de tabac.

Fait à Le Ponchel (Pas-de-Calais), le 10 octobre 1874.

F.-A. ALLART.

3149. — Abbeville — Imp. Briez, C. Paillart et Retaux.

B. c P. &R.
ABBEVILLE